棚室西瓜栽培新技术

中国农业科学院组织编写

焦自高　主编

中国农业科学技术出版社

图书在版编目（CIP）数据

棚室西瓜栽培新技术 / 焦自高主编 . —北京：
中国农业科学技术出版社，2016.3
ISBN 978-7-5116-2400-0

Ⅰ.①棚…　Ⅱ.①焦…　Ⅲ.①西瓜—温室栽培
Ⅳ.①S627.5

中国版本图书馆 CIP 数据核字（2015）第 292778 号

责任编辑　崔改泵
责任校对　贾海霞

出 版 者　中国农业科学技术出版社
　　　　　北京市中关村南大街 12 号　邮编：100081
电　　话　（010）82109194（编辑室）（010）82109702（发行部）
　　　　　（010）82109709（读者服务部）
传　　真　（010）82109708
网　　址　http://www.castp.cn
经 销 者　各地新华书店
印 刷 者　北京富泰印刷有限责任公司
开　　本　880mm×1 230mm　1/32
印　　张　3
字　　数　76 千字
版　　次　2016 年 3 月第 1 版　2016 年 3 月第 1 次印刷
定　　价　20.00 元

编委会

《画说『三农』书系》

序言

《画说『三农』书系》

让农业成为有奔头的产业，让农村成为幸福生活的美好家园，让农民过上幸福美满的日子，是习近平总书记的"三农梦"，也是中国农民的梦。

农民是农业生产的主体，是农村建设的主人，是"三农"问题的根本。给农业插上科技的翅膀，用现代科学技术知识武装农民头脑，培育亿万新型职业农民，是深化农村改革、加快城乡一体化发展、全面建成小康社会的重要途径。

中国农业科学院是中央级综合性农业科研机构，致力于解决我国农业战略性、全局性、关键性、基础性科技问题。在新的历史时期，根据党中央部署，坚持"顶天立地"的指导思想，组织实施"科技创新工程"，加强农业科技创新和共性关键技术攻关，加快科技成果的转化应用和集成推广，在农业部的领导下，牵头组建国家农业科技创新联盟，联合各级农业科研院所、高校、企业和农业生产组织，建立起更大范围协同创新的科研机制，共同推动农业科技进步和现代农业发展。

组织编写《画说"三农"书系》，是中国农业科学院在新时期加快普及现代农业科技知识，帮助农民职业化发展的重要举措。我们在全国范围遴选优秀专家，组织编写农民朋友喜欢看、用得上的系列图书，图文并貌展示最新的实用农业科技知识，希望能为农民朋友充实自我、发展农业、建设农村牵线搭桥、做出贡献。

中国农业科学院党组书记　陈萌山

2016 年 1 月 1 日

前言

棚室西瓜栽培新技术

西瓜汁多味甜、质细爽口，是深受消费者喜爱的水果佳品。世界西瓜的生产面积和产量在水果中仅次于葡萄、柑橘、香蕉、苹果，总量居第五位。我国西瓜的栽培历史悠久，种植区域分布于全国各地。20世纪80年代中期以后，随着栽培技术的提高，西瓜生产得到了迅速发展。据统计，2013年全国西瓜播种面积182.82万公顷，总产量7 294.4万吨，是世界最大生产国。西瓜在种植业中的地位越来越重要，并将继续为未来农业的可持续发展做出贡献。由于西瓜适应地域广、生育期短、便于轮作换茬、比较效益高，种植西瓜已成为许多地区农民增收的重要途径。

细节决定成败。要实现西瓜的高产、优质、高效，必须抓好每个种植环节，但我们发现，瓜农有时对管理细节掌握不够，似是而非，管理不到位，使种植西瓜不能达到预期的效果。通常我们看到的西瓜种植科普书籍，多是以文字介绍为主，缺乏一目了然、一看即懂的图画类图书。为此，本书中作者结合多年的实践，主要通过图片的方式介绍西瓜品种、栽培技术、病虫害防治，还专门介绍了西瓜生产中的常见问题，分析了产生问题的原因及防治措施。全书图文并茂，尽可能减少文字叙述，而是以图片的形式展示技术环节，力求通俗易懂。

　　本书由国家西甜瓜现代农业产业技术体系潍坊综合试验站牵头，联合了有丰富理论知识和实践经验的科研、教学、技术推广领域的30多名专家共同编写完成，其中，国家西甜瓜现代农业产业技术体系病虫害岗位专家宋凤鸣教授撰写了病虫害防治部分，岗位专家张友军、古勤生等提供了多幅病虫害图片。

　　本书编写过程中，参考了一些国内知名专家的论著，总结了广大瓜农的生产经验。本书的编著出版除得到了国家西甜瓜现代农业产业技术体系、山东省农业科学院蔬菜花卉研究所的支持外，还得到山东园艺学会西甜瓜专业委员会和中国农业科学技术出版社的大力支持，在此一并表示衷心的感谢。由于编著者水平所限，疏漏和谬误之处在所难免，恳请同行和读者批评指正，共同促进棚室西瓜生产水平的提高。

焦自高

2015 年 11 月

Contents 目　录

第一章

西瓜新优品种

第一节　选择品种的原则

一、选用适宜棚室栽培的品种

棚室环境的特点一般在冬季光照较弱、湿度大、温度低，西瓜早熟栽培常会遇到低温。能够在此环境下表现抗病，适应性强，正常生长和坐果力强的品种才能在设施中栽培。

二、根据栽培茬口选用品种

春季早熟栽培，应以实现早熟为主要目的，同时要考虑品种的产量、抗病性等。一般要选用早熟性好，品质优，对早春低温环境适应性强，容易坐果的品种。

秋季设施栽培除要求品种高产、优质外，要特别注意品种的抗病性，还要注意品种的耐贮运性。

三、根据市场需要选择品种

主要应考虑以下几个方面。

一是在西瓜种植以远销为主时，必须选择耐贮运性较好的品种。相反，当地或就近销售为主，对贮运性要求就不很严格，可按其他原则来选择品种。

二是要根据产品销售地的消费习惯选用品种。各地对西瓜品种果实大小、形状、皮色、瓤色、种子大小或有无等方面的要求存在很大差异（图1-1、图1-2），要根据这种差异，面向市场需要，选择适销对路的品种。

图 1-1　部分西瓜种质资源皮色

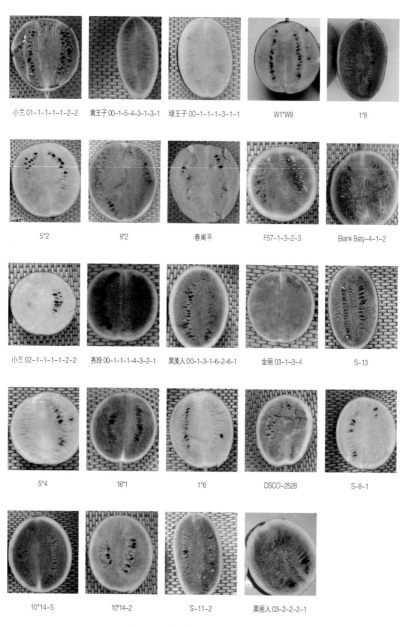

小兰 01-1-1-1-1-2-2　黄王子 00-1-5-4-3-1-3-1　绿王子 00-1-1-1-3-1-1　W1*W9　1*8

5*2　8*2　春阑平　F57-1-3-2-3　Blank Baty-4-1-2

小兰 02-1-1-1-1-2-2　秀玲 00-1-1-1-4-3-2-1　黑美人 00-1-3-1-6-2-6-1　金丽 03-1-3-4　S-13

5*4　16*1　1*6　DSCO-2528　S-8-1

10*14-5　10*14-2　S-11-2　黑丽人 03-2-2-2-1

图 1-2　部分西瓜种植资源瓤色

　　三是根据产品销售地的消费水平选用品种。在消费水平较低的地区，应选用生产成本低的普通品种；而在消费水平较高的地区，可选用生产成本高的高档西瓜品种，如无籽西瓜、礼品西瓜等。

　　为满足部分消费者的特殊需要，可选用部分具有特殊皮色、瓤色和风味的品种栽培。如在普遍种植红瓤西瓜品种时，可适当引种一部分黄瓤或白瓤西瓜，如德州三白瓜（图1-3）。

图1-3　德州三白瓜

第二节　新优品种

一、早春红玉

由日本引进的西瓜杂交一代种。极早熟，果实发育期 25 天左右。生长势强，主蔓 5~6 节出现第一朵雌花，雌花着生密，低温弱光下着果性强。果实椭圆形，果皮深绿色，上覆花条纹，果皮极薄（厚约 0.3cm），不易裂果，耐运输。平均单瓜重 2kg 左右。果肉桃红色，风味、品质、口感佳，果肉中心含糖量 12% 以上。适合早春及秋季设施栽培（图 1-4）。

图 1-4　早春红玉

二、小兰

我国台湾农友种苗公司育成的杂交一代种。特早熟，全生育期80天左右，果实发育期25天左右。坐果力强，丰产性好。果实圆球型至微长球型，皮淡绿色，上覆青色窄条纹。单瓜重1.5~2kg。果肉黄色晶亮，美观，中心含糖量12%左右，种子小而少。适于冬春早熟栽培（图1-5）。

图1-5　小兰

三、京秀

北京市农林科学院蔬菜研究中心育成的杂交一代种。早熟，全生育期90天左右，果实发育期26~28天。植株生长势强，易坐果。果实椭圆形，周正美观。果皮绿色，上覆锯齿形窄条带。平均单瓜重1.5~2kg。果肉红色，肉质脆嫩，口感好，中心含糖量13%左右，少籽。适于春季早熟栽培（图1-6）。

图1-6　京秀

四、黑美人

图1-7　黑美人

台湾农友种苗公司育成的杂交一代种。早熟，全生育期90天左右，坐果能力强。果实长椭圆形，果皮墨绿色，有不明显黑色斑纹。单瓜重1.5~3.5kg。果肉鲜红，肉质细嫩多汁，中心含糖量12%~13%，中边糖梯度小。果皮韧性强，特耐贮运。南、北方均有种植，适于春季早熟及秋延迟栽培（图1-7）。

五、京欣1号

北京市农林科学院蔬菜研究中心与日本米可多种子公司共同育成的杂交一代种。早熟，果实发育期28~30天。坐果性好，整齐。果实近圆球形，果皮绿色，上覆多条墨绿色齿带，果皮有蜡粉，厚

图1-8　京欣1号

0.9~1cm。单瓜重4~5kg。果肉桃红色，肉质脆嫩，不空心，汁多，纤维少，风味佳，中心含糖量11%~12%。皮薄，不耐贮运。抗枯萎病、炭疽病较强。适于早春设施栽培，是棚室栽培面积较大的早熟品种之一（图1-8）。

六、京欣2号

北京市农林科学院蔬菜研究中心育成的杂交一代种。中早熟，生育期88~90天，果实发育期为28天左右。生长势中等。果形似京欣一号，但条纹更明亮。单瓜重5~7kg。果肉红色，肉质脆嫩，

口感好，风味佳，中心含糖量12%以上。皮薄，耐裂性能比京欣1号有一定提高。高抗枯萎病，耐炭疽病，坐果性好。适合设施及露地早熟栽培（图1-9）。

图1-9 京欣2号

七、西农8号

西北农业大学育成的杂交一代种。中晚熟，全生育期100天左右，果实发育期36天左右。生长势强，适应性强，高抗枯萎病，耐重茬。果实椭圆形，果皮浅绿色，上覆浓绿色条带。单瓜重7~8kg。果肉红色，质细味甜，中心含糖量11%以上。果皮坚韧，耐贮运。不易产生畸形果，商品率高（图1-10）。

图1-10 西农8号

八、鲁青 7 号

山东省济南鲁青园艺研究所育成的杂交一代种。中早熟，植株长势强；易坐果，坐果整齐。果实不易畸形，商品果率高。果实高球形，果皮底色绿，上覆墨绿色齿条，外形美观整齐；果肉红色，质脆沙，剖面均匀不空心，中心含糖量 12%，品质优良；单瓜重 5kg 以上；果皮薄且硬、韧，不裂果，耐贮运。耐低温、弱光性好，适合设施春季早熟栽培（图 1-11）。

图 1-11　鲁青 7 号

九、金星

山东省农业科学院蔬菜研究所育成的杂交一代种。植株生长势强，分枝中等。叶绿色，多数有黄色斑点。较早熟，开花至果实成熟需 38 天左右，易坐果。果实椭圆形，皮深绿色，上覆暗绿色条带，果皮上偶有黄点。单瓜重 3kg 左右。瓜瓤橘黄色，肉质细脆，纤维少，中心含糖量 11% 以上。抗病、丰产。适合设施春季早熟栽培（图 1-12）。

图 1-12　金星

十、全美 2k

由日本引进的杂交一代种。果实椭圆形，花皮，果皮薄。果肉红色，脆甜多汁，品质极佳，果重 2.5~3kg，中心含糖量 12% 左右。低温坐果能力及连续结果能力强。耐运输，适合设施栽培（图 1-13）。

图 1-13 全美 2k

十一、郑抗无籽 3 号

中国农业科学院郑州果树研究所育成的无籽西瓜杂交一代种。全生育期 95~100 天，果实发育期 30 天左右。生长势较强，分枝性好。易坐果。果实圆球形，果皮浅绿色，显现数条墨绿色齿状花条。平均单瓜重 5kg 以上。果肉大红色，质脆，中心含糖量 11.5% 以上，白秕子小而少，一般不形成着色秕子。不空心，不倒瓤，风味好，品质优，耐贮运，抗病耐湿能力强（图 1-14）。

图 1-14 郑抗无籽 3 号

十二、墨童

植株生长势强，分枝力强。果实圆形，表面有蜡粉，外形独特美观。果肉鲜红，纤维少，汁多味甜，质细爽口，中心含糖量 11%~12%，糖分梯度小，无籽性好。皮厚 0.8cm，平均单果重 2.0~2.5kg。果实生育期 25~30 天，易坐果，果实商品率 90% 以上。抗病毒病、枯萎病能力较强，适应性广，耐贮运（图 1-15）。

图 1-15　墨童

十三、蜜童

先正达种子有限公司选育的无籽西瓜杂交一代种。植株长势旺，分枝力强。果实发育期 25~30 天，易坐果。果实高圆形，条带清晰。果肉鲜红，纤维少，汁多味甜，质细爽口，中心糖含量 12%~12.5%，糖分梯度小。耐空心、不易裂果，无籽性好，皮厚 0.8cm，平均单果重 2.5~3.0kg，每株可坐 3~4 个果，并且能多批采收。较耐贮运，抗逆性强，适应性广。抗病毒病、枯萎病能力较强（图1-16）。

图 1-16　蜜童

第二章

棚室栽培技术

第一节　棚室春早熟栽培技术

一、育苗技术

1.常规育苗技术

（1）育苗设施。在西瓜栽培中，由于不同地区的气候条件和栽培习惯不同，因此，育苗设施的类型也不同。主要有冷床和温床两个类型。

① 冷床。冷床又称阳畦，是不用人工加温，只靠阳光增热的苗床。冷床建造容易，管理方便，只要科学管理，也可育出较健壮的幼苗。但由于受外界气候条件的限制，阳光增温能力有限，播种不能过早。风障阳畦是典型的冷床（图2-1）。

图2-1　风障阳畦

②温床。温床不但利用自然光照来增加苗床的温度，而且可通过人为加温措施提高苗床的温度。利用温床育苗需要增加一定的设施投资，管理费工，但由于早熟栽培中西瓜产值高，因此西瓜以温床育苗方式越来越普遍。温床在北方主要有酿热温床、电热温床、火炕温床三种。

酿热温床 这种温床底部铺垫马、驴、牛等牲畜粪便、作物秸秆、树叶等，使其发酵分解释放出热量，用以提高苗床的温度。这是温床中最简单的一种，也是最早于生产上应用的一种（图2-2）。

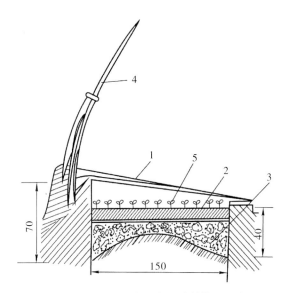

图2-2 酿热温床示意图（单位：cm）
1.支架及覆盖物 2.营养土 3.酿热物 4.风障 5.幼苗

电热温床 电热温床是在苗床的底部铺设具有一定功率的专用于育苗的电热线（有时又称地热线），通电后苗床温度提高。利用这种温床育苗，苗床温度较易控制，是较先进的温床形式。已普遍应用于西瓜早春育苗中（图2-3、图2-4）。

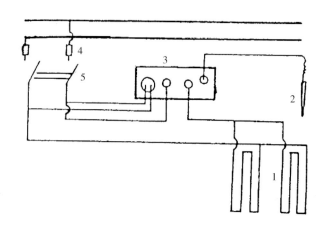

图2-3　电热温床布线接线示意图
1.电热线　2.感温探头　3.控温仪　4.保险丝　5.开关

图2-4　电热温床布线

　　早春育苗中发现，在小拱棚内育苗时有无电热线直接影响到出苗的早晚（图2-5）。

图 2-5　有无地热线小拱棚育苗出苗期差异

（播种 4 天后，下为有地热线处理）

火炕温床　火炕育苗方式是在农村甘薯育苗技术的基础上发展起来的。这种苗床以煤或柴草燃烧供热，热量通过烟道，传到苗床的各个部位。烟道结构合理时，各部位温度均匀，可育出健壮的秧苗。

目前，火炕温床建造较少，多采用热风炉加温方式提高苗床的温度（图 2-6）。

（2）营养土配制。营养土是专为育苗准备的苗床土，它不仅疏松透气，保水保肥力强，而且含有丰富的有机质，有利于幼苗的生长。

常用营养土的配方及配制方法是：6 份未种过瓜类作物的

图 2-6　热风炉加温

大田土或菜园土，4份腐熟的圈肥，充分捣碎后拌匀，用筛子过筛。然后在每立方米营养土中再加入复合肥1.5kg、草木灰5kg、多菌灵80g、敌百虫60g，混合均匀后即为营养土（图2-7）。

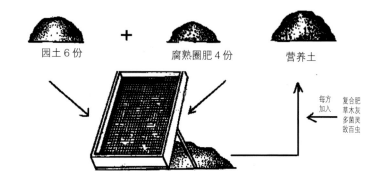

园土6份 + 腐熟圈肥4份 营养土

每方加入 复合肥 草木灰 多菌灵 敌百虫

图2-7 营养土配制

图2-8 育苗营养钵

图2-9 育苗穴盘

（3）育苗方式。西瓜在定植时易伤根，为减少伤根，促进缓苗，最好采用营养钵育苗或穴盘育苗。

营养钵 目前主要应用塑料营养钵，这种营养钵上口径大，下部口径小，底部还有小眼，营养钵中浇水过多时能及时从底部渗出（图2-8）。塑料营养钵装育苗基质，使用方便，并可重复利用，成本低。

育苗穴盘 育苗穴盘已经成为瓜菜育苗的重要器具。穴盘一般由聚苯泡沫、聚苯乙烯、聚氯乙烯和聚丙烯等制成，一般瓜菜育苗穴盘是由聚苯乙烯材料制成的。标准穴盘尺寸为 540mm × 280mm，因穴孔直径大小不同，每个育苗盘的孔数不同。育苗穴盘的穴孔形状主要有方形和圆形（图2-9）。西瓜育苗常使用50孔或75孔的育苗穴盘。

无论是营养钵育苗或穴盘育苗，将上述营养土或专用商品育苗基质装入营养钵或穴盘育苗中，装入量为营养土或基质浇水后离钵（或盘）口0.5~1cm，然后整齐地排放在苗床上（图2-10、图2-11）。

图2-10　营养钵摆放在苗床上

图2-11　育苗穴盘摆放在苗床上

（4）播种准备及播种。

播种期确定　西瓜进行早熟栽培的播种期，因育苗设施和定植时间而定。正常情况下，采用温床育苗，一般40天左右即可长出具有4~5片真叶的幼苗，达到适宜定植时间。采用一层塑料薄膜覆盖的棚室，可较当地的露地西瓜育苗期提前40天左右；棚室内加盖小拱棚时，可提前50天左右；棚室内除加盖小拱棚以外，夜间在小拱棚上覆盖草苫保温的，育苗期可较露地西瓜育苗期提前60天左右。

种子处理　所选用的种子，要求种性符合品种的特征、饱满、无霉烂、残伤、虫口等。挑选的种子在阳光下晒1~2天。播种前先进行温汤浸种，方法是将种子放到55~60℃的热水中，不断搅拌下浸种15分钟，然后使水温降到30℃左右，浸泡4~6小时（图2-12）。

图2-12　温汤浸种

西瓜种子易携带西瓜病毒病、炭疽病、枯萎病、角斑病等多种病害的病菌。因此，西瓜播种前，还可进行药剂浸种。可选用50%福尔马林100倍液处理30分钟；或用50%多菌灵500倍液浸60分钟；或用10%磷酸三钠浸种20分钟。种子经过消毒后，用清水淘洗2~3遍，然后再放在温水中浸泡种子4~6小时（图2-13）。

图2-13　药剂浸种

　　经上述处理的种子，在从水中捞出后，沥净过多的水分，将种子摊放在2~3层湿纱布上，然后在上面覆盖上湿布，放到较温暖的环境中进行催芽，有条件的最好在催芽箱内催芽（图2-14）。西瓜种子发芽的最低温度为16℃，最适宜温度为28~32℃。无籽西瓜或四倍体西瓜的种皮厚且坚硬，不易发芽，在催芽前先将种子用牙磕一下。

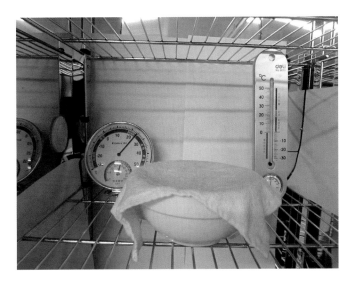

图2-14　催芽箱催芽

　　播种　播种前，采用温床育苗的，要提前加温，提高苗床的温度。为减少热量的损失，最好配合在苗床上盖小拱棚，并在苗床表面盖地膜保湿。随时观察苗床地温，一般在土壤5cm的地温达到16℃以上才能播种。

　　选择晴天上午播种。将催好芽的种子播下。每个营养钵或营养穴盘孔中央播1~2粒种子，种子平放（图2-15），然后盖土1.5~2cm。

图 2-15　播种

　　如果采用打孔器打孔后播种，则将营养钵或穴盘装满基质，用打孔器打孔（图 2-16）。每个孔内播 1~2 粒种子（图 2-17），并将孔用营养土或基质填平（图 2-18）。

图 2-16　打孔器打孔

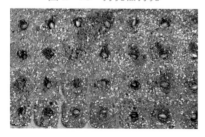

图 2-17　打孔后播种

图 2-18　播种孔用基质填平

采用育苗基质育苗的，出苗期间基质很易干燥缺水，可以喷一遍水。然后盖好地膜（图2-19）。插好拱架，并覆盖好塑料薄膜（图2-20）。西瓜出苗期间，夜间温度低，往往影响发芽出苗，因此，夜间还要盖好草苫以保温。

图2-19　育苗盘上覆盖地膜　　图2-20　夜间小拱棚上加盖草苫保温

（5）播种后苗床管理。播种后重点加强温度、湿度、光照管理。

温度　根据不同阶段采用不同的温度管理。从播种到出苗，要随时观察苗床上的地温和气温（图2-21）。出苗阶段要求较高的温度，以保证早出苗，保温白天气温28~32℃，夜间18~20℃。地温保持在22~25℃。出苗后要及时揭掉地膜（图2-22）。出苗到心叶长出要求较低的温度，床内白天气温22~25℃，夜间16~18℃。如果此期温度过高，尤其夜温过高，则易引起徒长苗。从心叶长出到定植前7~10天，要求相对较高的温度，以促进幼苗生长，白天气温以25~28℃，夜间15~18℃为宜。

定植前7~10天，为使幼苗适应定植环境的温度条件，管理上要使温度逐渐降低。这时，各种温床要停止加温，白天晴天无大风时要将薄膜全部揭开，夜间无寒流侵袭，可只盖塑料薄膜，不再盖草苫。

图2-21　观察苗床上的地温和气温

图2-22　幼苗出土时揭掉地膜

光照　苗床要保持充足的光照，小拱棚上的草苫等不透明覆盖物要做到早揭、晚盖。育苗大棚要覆盖透光率高的无滴膜，经常清除塑料薄膜表面的尘土、碎草等。当遇到连阴天时，不可长时间不揭草苫，同时在连阴天情况下，可以采取人工补光措施（图2-23）。

通风　当苗床温度达到生育温度的要求时，可进行适量通风（图2-24）。在育苗的前半期，外界温度较低，苗床通风量不宜过大，通风时间不宜过长。在育苗后半期，特别是进入炼苗阶段后，苗床要求的温度低，同时外界的温度已高，要加大通风量，有时夜间也要通风。

肥水管理　早春浇水的原则是，减少浇水次数，浇足但不过量。水分过多，影响地温提高，同时也极易诱发病害的发生。特别在播种后到幼苗第一片真叶显露，苗床湿度过大时，易发生猝倒病等病害。加温苗床在幼苗破心后，易发生床土落干现象。要

图2-23　苗床人工补光

图2-24　苗床通风

图 2-25　苗床喷水

图 2-26　苗床喷药防病

图 2-27　活动育苗盘

及时检查苗床表土以下的土壤水分状况，及时补水（图 2-25）。浇水最好应用 30℃ 左右的温水，并选择晴天进行。将塑料薄膜随揭开，随浇水，随盖上。不可把薄膜揭开过大，否则易"闪苗"。春季营养基质育苗的一般每 2~3 天浇一遍水。

病虫害防治　西瓜苗期的病害主要是猝倒病，有时也易发生炭疽病和枯萎病。发生病害后及时用药剂防治（图 2-26）。

另外在育苗阶段，从幼苗具有一片真叶开始，每隔 2~3 天要将苗盘活动一下（图 2-27），防止西瓜苗根系伸出苗盘底，扎入土壤中，定植时伤根太重。

2. 嫁接育苗技术

西瓜嫁接栽培，可以显著减轻土传病害（尤其是枯萎病），提高植株的耐寒性，提高植株的吸收能力，瓜秧生长旺盛，结瓜力强，一般可增产 30%~40%。

西瓜嫁接成品苗要求：砧木、接穗子叶均保留完整，2~3 片展平真叶，叶片深绿、肥厚。

茎粗 3.5~4 mm，株高 15 cm 左右。根坨成型，根系粗壮发达。无病斑、无虫害（图 2-28）。

图 2-28 西瓜成品苗

（1）选用适宜的砧木。选用适宜的砧木是获得西瓜高产、优质的关键措施之一。西瓜嫁接的砧木主要有南瓜和葫芦两类。常用的南瓜类砧木品种有青研砧木 1 号（图 2-29）、全能铁甲、青农砧木 1 号、野郎、壮士、崛金隆等；常用的葫芦类砧木品种有优砧 100、强砧、京欣砧一号等。

（2）配制营养土。营养土配制方法见本书常规育苗部分。

（3）播种砧木和接穗。采用插接法、劈接法嫁接的，西瓜种子比砧木晚播 5~7 天或在砧木苗出土时播种。

图 2-29 青研砧木 1 号嫁接苗及西瓜表现

砧木和西瓜种子都要进行浸种和催芽，葫芦种常温浸种 48 小时，捞出后擦去种子表面的水分，放在 28~30℃ 下催芽，大部分种子出芽后即可播种。无籽西瓜种子发芽困难，常温下浸泡种子 6~8 小时，捞出擦掉种子表面的水分，然后用钳子或牙齿将种子脐部轻轻嗑开，放在 30~32℃ 下催芽，经过 24~36 小时，大部分种子出芽后即可播种。出芽后，砧木播到营养钵中，每钵 1 粒。

图 2-30　适宜嫁接期的西瓜和砧木苗

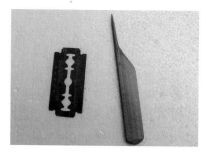

图 2-31　竹签和双面刀片

图 2-32　用竹签的先端去掉砧木的顶端

西瓜种子播在苗床的一端或播在育苗盘中。当西瓜两片子叶刚刚展开但尚未完全展平、砧木苗第一片真叶出现到完全展平为嫁接适宜时期（图 2-30）。

（4）嫁接准备。嫁接场所空间湿度要大，可事先喷水。场所要注意保温、避风，还要操作方便。嫁接所用工具主要有竹签、双面刀片等（图 2-31）。

（5）嫁接。西瓜嫁接常用插接法，其次是劈接法。

插接法　操作步骤是：用竹签的先端首先去掉砧木的顶端（图 2-32）。然后紧贴砧木一子叶基部的内侧，向另一子叶的下方斜插，插入深度为 0.5cm 左右，刚刚穿破砧木表皮为好（图 2-33）。用刀片从西瓜子叶下约 1cm 处入刀，从一个侧面斜切一刀（图 2-34，图 2-35），切面长 0.5~0.7cm，刀口要平滑。

图 2-33 对砧木斜插

图 2-34 西瓜苗斜切一刀

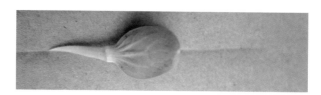

图 2-35　西瓜苗斜切一刀后

　　接穗削好后，即将竹签从砧木中拔除，并插入接穗西瓜，插入的深度以使接穗西瓜苗底部穿出砧木表皮 0.1mm 左右为宜（图 2-36），形成接穗西瓜子叶与砧木子叶成十字形的嫁接苗（图 2-37）。为提高嫁接效率，可以两人一组，一人负责削接穗，一人负责处理砧木并负责将接穗插入砧木中（图 2-38）。

图 2-36　接穗西瓜插入砧木

图 2-37　西瓜嫁接苗

劈接法　嫁接时砧木苗保留在营养钵内，将其生长点用竹签铲掉，然后用刀片从生长点开始在下胚轴的一侧，自上而下劈开长 1~1.5cm 的切口，切口深度为下胚轴粗的 2/3（注意不要将下胚轴全部劈开，否则砧木子叶下垂，难以固定），然后将西瓜

图 2-38　两人配合进行插接

苗从基部剪下，用刀片将下胚轴削两刀，使下胚轴的 1/3 的表面仍带有下表皮，另 2/3 的面呈楔形。最后将接穗带表皮的一面朝外，插入砧木切口，再用夹子固定牢即可（图 2-39）。

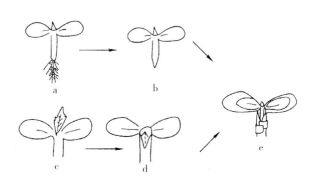

图 2-39　西瓜劈接法嫁接示意图

a.适龄接穗苗；b.削接穗；c.适龄砧木苗；d.劈开砧木；
e.插入接穗，夹子固定

（6）嫁接苗管理。嫁接苗栽植苗床应先浇足水，扣好小拱棚，随嫁接随将嫁接苗立即栽入小拱棚中，盖好塑料薄膜，并用草苫等遮阴，保持床内湿度达到 90%~95%。苗床白天温度保持在 25~28℃，不超过 30℃，夜间 20℃。嫁接苗基本成活（嫁接

后 4~5 天）后，夜温可适当降低，保持在 15℃左右，白天保持在 28~30℃，逐渐给苗床通风，降低苗床湿度，可保持在 65%~75%。苗床光照的管理，嫁接后 2~3 天中午覆盖遮光，早晚光照较弱时可撤除覆盖物，使幼苗接受散射光，以后逐渐增加见光时间和光照强度，7~8 天后可不再遮光。

嫁接后还要及时除去砧木子叶节所形成的侧芽。对嫁接苗上砧木的子叶，若健壮无病，应将其保留，否则应将其摘除。

二、定植技术

1.定植期

定植期应根据棚室的保温条件确定。一般掌握棚内 10cm 的地温稳定在 15℃以上，棚内最低温度不低于 5℃，为安全定植期。日光温室可在 1 月下旬定植，而拱圆大棚（配合地膜、小拱棚、小拱棚上盖草苫措施）以在 2 月上、中旬定植为宜。

2.整地、施肥、作畦

棚室早春西瓜栽培，因密度较大，要精细整地。利用冬闲地新建棚室，最好在冬前深翻 25~30cm 深，施入基肥，并在冬前将栽培垄或畦做好。设施内有越冬菜或幼苗时，应尽可能提前清园，深耕晒垡（图 2-40）。定植前再耙平（图 2-41）。

图 2-40 冬前翻地晒垡　　图 2-41 耙平土壤

　　西瓜属高产作物，需肥量大，同时在定植后施肥不便，故在施肥上要重施有机肥作基肥。中等肥力的地块，每 $667m^2$ 施用优质有机肥 4 000~5 000kg、三元复合肥（15-10-20）40~50kg。有机肥要充分腐熟，不能施用含氯的化肥，饼肥以豆饼为最好。有机肥可集中施入瓜行底部（图 2-42），或整个棚室内撒施（图 2-43）。而化肥多集中施用（图 2-44）。

图 2-42　瓜行下集中施用有机肥

图 2-43　撒施有机肥

图 2-44　集中施用化肥

　　棚室西瓜栽培，一般采用小高垄或高畦栽培。选用中早熟品种、支架栽培、双蔓整枝和每株留一瓜的情况下，每隔 1.5m 做一个小高畦，畦基部宽 90cm，顶部宽 70cm，畦高 20~25cm。

　　采用地爬栽培时，按 1.8~2m 的行距做成半高畦。垄（畦）方向要依棚室的方向而定，垄（畦）的方向一般与棚室的纵向平行。

图 2-45　定植前盖地膜提温

栽培西瓜一般要挖丰产沟，方法是先规划好瓜行位置，然后开挖丰产沟，沟宽、沟深各 40cm，沟内分层施肥，有机肥施在底层，化肥施在表层，肥土混合均匀后作垄，并踏实。然后在垄中间顺瓜行开浅沟，灌水造墒，待水渗下后，将垄恢复，并整平垄（畦）面，随即盖地膜提温（图 2-45）。

定植前，观察定植畦内水分不足的，这时可浇水造墒（图 2-46），然后将畦整理好。

图 2-46　定植前浇水造墒

3.栽培密度

西瓜的栽培密度因品种、栽培方式、整枝方式等不同而有较大差异。采用支架栽培时，如果采用早熟品种、双蔓整枝，每 667m² 栽培 1 300~1 500 株为宜，行株距为（1.0~1.2）m×（0.4~0.5）m；支架栽培、晚熟品种时，每 667m² 栽培 1 100~1 300 株为宜，行株距为（1.0~1.2）m×（0.5~0.6）m。采用地爬栽培时，一般密度较小，当选用中熟品种时，采用三蔓整枝，一般每 667m² 种植 600~700 株，行株距为（1.8~2）m×（0.5~0.6）m。

4.定植方法

早春棚室西瓜应在寒流刚过的晴暖天气上午定植。定植前，先铺好地膜，透明地膜或黑色地膜（图2-47）均可。按预定的株距，在定植处在地膜上挖穴，穴深10~12cm（图2-48）。将瓜苗带营养土坨或营养钵从苗床上移出，向定植穴内浇足水，然后将瓜苗轻轻脱掉外面的营养钵，或从育苗穴盘中取出，小心放入定植穴内，使土坨表面与畦面齐平或露出地面1~2cm，摆正瓜苗，从四周向瓜苗填土，轻轻压实。每行栽完后，立即插好小拱架，盖上塑料薄膜，有条件的在夜间小拱棚外再盖一层草苫保温。

图2-47　畦面铺黑色地膜　　　　图2-48　在地膜上挖穴

定植后盖地膜的，要先按预定的株距挖穴（图2-49），然后将瓜苗轻轻脱掉外面的营养钵（图2-50），或从育苗穴盘中取出，小

图2-49　定植前挖穴　　　　图2-50　将瓜苗从营养钵中取出

心放入定植穴内，埋好定植穴，
然后集中灌水。

对枯萎病等土传病害较重
的地块，定植时在定植穴内可以
浇灌多菌灵或敌克松药液（图
2-51）。

图2-51 定植时浇灌敌克松药液

三、定植后管理

1. 温度管理

（1）缓苗阶段。定植后要立即封严塑料棚室，盖好塑料薄膜，使棚内白天温度保持32~35℃，夜间不低于12℃以上，10cm最低地温不低于15℃。有小拱棚覆盖的，定植后要立即覆盖小拱棚（图2-52），夜间还可加盖草苫（图2-53）。为进一步提高保温效果，山东昌乐等地瓜农对大拱棚西瓜早春栽培采取了五膜覆盖的方式，即地膜、小拱棚膜（两层小拱棚）、天幕膜、大棚膜（图2-54）。在上午日出后，气温升到10℃以上时，揭开草苫，升到20℃以上时，把小拱棚薄膜揭开。下午在日落前、棚室温度明显

图2-52 定植后盖好小拱棚

图2-53 定植后夜间覆盖保温被

下降时，先盖好小拱棚，再盖好草苫。

缓苗期如遇连阴天或寒流天气，温度偏低时，为防止幼苗受低温危害，注意增加覆盖，如在日光温室内增加覆盖物厚度，或在小拱棚上增加一层草

图2-54 大拱棚早春五膜覆盖

苫，或在小拱棚上夜间加盖一层塑料薄膜。大拱棚外底部可以围盖草苫等（图2-55）。如遇下雨天气，日光温室上覆盖草苫后，可在草苫上再覆盖薄膜，防止草苫被雨淋湿而影响保温效果（图2-56）。

当棚内温度上升到32℃，且仍有上升的趋势时，要在棚顶部进行少量通风，使温度控制在35℃以下。

（2）缓苗后管理。伸蔓期白天保持棚温28~30℃，夜间棚温12~15℃，白天达28℃后开始通风，最高温度不超过32℃，夜间温

图2-55 大拱棚外底部围盖草苫保温

图2-56 草苫上覆盖薄膜防淋湿

度不低于15℃，此期温度过高时，植株生长过旺，引起瓜苗徒长。

开花坐瓜期的棚温要适当升高，保证坐瓜对温度的要求，白天棚温30~32℃，夜间15℃以上，最低温度不低于12℃。坐瓜后，棚外温度明显升高，棚内温度也随着升高，要陆续撤掉草苫和小拱棚。棚内白天温度28~32℃，夜间保持在15~20℃，不低于15℃，保持昼夜温差在13℃以上。

2. 通风管理

通风要根据西瓜不同生长发育阶段对温度的要求进行，上午一般在温度达到28℃以上时开始通风，下午当棚内的温度降到26℃左右时开始关闭风口。通风降湿一般是在保证温度的前提下进行，特别是在浇水后的2~3天内或低温阴雨天，棚内湿度往往偏高，高湿度又容易引发多种病害，此期只要棚内的温度不低于20℃，一定要通风。如果外界温度偏低，则应在中午前后进行短时间通风。

早春棚室通风的原则是先上后下、先小后大，即在通风初期，只是利用顶部的通风口进行通风，且风口要小；随着温度的升高，可利用顶部和中部的风口通风，通风量也比初期增加；在高温季节要同时利用顶部、中部和下部的通风口通风，且通风量达到最大。日光温室采取顶部通风方式（图2-57），大拱棚采取侧部通风方式（图2-58）。

图2-57 日光温室顶部通风

图 2-58　大拱棚侧面通风

结果后期，尤其是二茬瓜结瓜期，应以加强通风降温作为管理的重点，打开所有通风口，将棚室底部两侧的薄膜卷起（图2-59），以保持最大通风量，防止发生高温危害。

春季通风要特别注意防止薄膜被风刮破。除一定要检查压膜线是否压好外，可以在棚面上压上几道纱网（图2-60）。山东省寿光市有的瓜农在上棚膜时东西向固定防风索（图2-61）。

图 2-59　高温季节采取底部通风

图2-60 棚面上压纱网防风　　　图2-61 东西向固定防风索

3.光照调节

西瓜为喜强光的作物,在春季棚室栽培中要尽量改善光照条件。第一,要选用新棚膜和透光率高的棚膜扣棚;第二,注意保持棚膜表面清洁,对灰尘和水滴要及时清除(图2-62)。寿光市瓜农近年来还在棚室的透明棚面上系上除尘布条,布条随风摆动,可以将薄膜上的尘土擦掉(图2-63);第三,要保证西瓜有足够的光照时间。每天光照的时间要求在8小时以上,覆盖草苫的棚室(如日光温室),早上要尽早揭开草苫,下午日落前后覆盖草苫。阴天时,只要棚温不很低(不低于20℃),坚持揭开草苫。

图2-62 清洁薄膜

图 2-63　系除尘布条

4. 湿度调节

西瓜要求较低的空气湿度和土壤湿度，而棚室内的湿度往往高于此要求，管理上要注意降低湿度。降低湿度的主要措施有：采用地膜覆盖，减少空气中的水分含量；采取滴灌供水（图 2-64）及膜下浇水，防止大水漫灌；每次在浇水后的 2~3 天内加强通风；低温季节要控制浇水次数，减少浇水量，并采用地膜下浇水。

图 2-64　滴灌供水

5. 整枝与理蔓

（1）整枝。棚室栽培采用的整枝方式主要是双蔓整枝及三蔓整枝。

双蔓整枝 保留主蔓，并当侧蔓长至 20 cm 左右时，从中选留一健壮侧蔓。主蔓与侧蔓的伸长方向可同向或相反方向。双蔓整枝一般只让主蔓结一个瓜，子蔓只起营养作用。坐瓜前长出的侧蔓全部去掉，坐瓜后长出的侧蔓长势已逐渐缓慢，长出的侧蔓可保留（图 2-65）。

图 2-65　爬地双蔓整枝方式

图 2-66　去掉的侧蔓、老叶、卷须

三蔓整枝 保留主蔓，并在侧蔓长至 20 cm 左右时，从中选留两条健壮侧蔓。只在主蔓留瓜，两侧蔓均起营养作用。

大拱棚西瓜整枝工作主要在坐瓜以前进行，坐瓜以后长出的侧蔓，可视情况决定去留。日光温室西瓜整枝一般采用支架栽培、双蔓整枝。坐瓜后，在坐瓜节位以上留10~15片叶即可摘除顶心。去侧蔓工作一直持续到瓜秧长满架。结合整枝，还要去掉卷须老叶、卷须等（图2-66）。整枝最好在上午进行，这样在整枝后形成的伤口可尽快愈合。

（2）理蔓。吊蔓栽培时，一般采用塑料绳或尼龙绳吊蔓。为减少瓜蔓来回摆动，有的瓜农在吊蔓时，先在植株旁插短枝条，绳的下端栓在短枝条上，上端系到铁丝上。当蔓长30~40cm时开始吊蔓。以后随着瓜蔓的伸长，要随时将瓜秧缠到吊绳上，瓜秧弯曲上缠，呈"S"形（图2-67）。缠蔓时松紧度要适宜，防止缠得过紧影响瓜秧生长。吊蔓、缠蔓和整枝工作可结合在一起进行。

图2-67 吊蔓与缠蔓

采用地爬栽培的，在伸蔓后通过引蔓并结合整枝，使茎叶分布均匀。西瓜在棚内生长，受风力影响较小，可不用土压蔓，但可用枝条每隔一段距离固定一次即可（图2-68）。有的在栽培畦内铺草，西瓜卷须可缠绕在草上，起到固定作用，同时可减少地面的水分蒸发。

6.促进坐瓜、选瓜、吊瓜、垫瓜

（1）促进坐瓜。主要方法有人工授粉、蜜蜂授粉和激素处理等。

人工授粉 早春棚室栽培的西瓜，其开花期在3月下旬至4月上旬，正是低温季节，棚室内没有昆虫活动或昆虫很少，所以，必须

图 2-68　用枝条压蔓

图 2-69　人工授粉

采取人工授粉。方法是每天 6 : 00~10 : 00 时段内，当雄花和雌花开放后，从田间采取雄花，去掉花瓣，露出花药，将花药对准雌花的柱头轻轻均匀涂抹（图 2-69）。

　　激素处理　为促使不易坐瓜的品种或徒长株尽快坐瓜，常用激素处理。方法是：在雌花开放当天 8 : 00~10 : 00，用坐瓜灵 50~100 倍液，均匀涂抹开花后的雌花子房和果柄表面（图 2-70），可提高坐瓜率 10%~25%。激素处理浓度不要过大，否则容易导致果实畸形。

图 2-70　雌花激素处理

蜜蜂授粉　在棚室内中部搭一蜂箱架，初花期将蜂群搬进大棚。每箱有蜜蜂 2 000~4 000 只，可用于 667m^2 左右的棚室西瓜授粉（图 2-71）。

图 2-71　蜜蜂授粉

图2-72　挂牌标记授粉日期

（2）标记授粉日期。为准确确定西瓜的成熟期，做好坐瓜日期标记非常重要。在坐瓜部位的瓜蔓上，挂上写明授粉日期的小牌子（图2-72）。也可用秸秆、竹竿、枝条等物在顶端涂上不同颜色作为标记，还可系不同颜色的布条或塑料绳做标记。每授完一朵花，即插一标记，最好一天换一种颜色的标记。

（3）选瓜。雌花授粉后，主蔓上的第二个瓜个头较大，不易发生畸形。因此，生产上在其他条件相同的条件下，应优先选留主蔓上第二个瓜，其次选留第一、第三个瓜。侧蔓上的瓜小，品质差，一般只有在主蔓上没留上瓜时，才在侧蔓上留瓜。

（4）吊瓜。为防止西瓜瓜秧坠断和果实落地，一般需要吊瓜。在瓜长至0.5kg左右、形如碗口大小时进行。目前可用自制吊瓜篮吊瓜（图2-73）或网兜吊瓜（图2-74）。

图2-73　自制吊瓜篮吊瓜

图2-74　网兜吊瓜

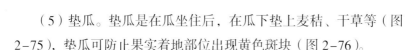

（5）垫瓜。垫瓜是在瓜坐住后，在瓜下垫上麦秸、干草等（图2-75），垫瓜可防止果实着地部位出现黄色斑块（图2-76）。

图2-75 垫瓜　图2-76 垫瓜（左）与不垫瓜的颜色差别

7. 肥水管理

（1）施肥。定植后一般追肥3次。第一次在定植缓苗后，方法是揭开地膜，在植株旁边，穴浇0.3%~0.5%的化肥水1kg，水渗下后覆土盖膜。第二次追肥在蔓长达到30cm左右时进行，每株追施腐熟的饼肥、大粪干、鸡粪等1kg，或每株追施尿素8~10g，追肥方法是在垄的两侧开沟埋施。第三次追肥在果实坐住以后进行。追肥量为每667m^{2}追施三元复合肥15kg、硫酸钾10~15kg，可撒施于垄沟中间，然后浇水，也可随浇水冲施。西瓜坐瓜后还可进行叶面追肥，常用的肥料是磷酸二氢钾、宝利丰、叶面宝、尿素等。

（2）浇水。早春棚室西瓜栽培前期温度低，一般不宜浇水。除在定植时浇一次水外，缓苗后地若不干，可以不浇水。以后随着温度的升高，应逐渐加大浇水的次数和浇水量。进入开花坐果期，为防止水分过多造成徒长而化瓜，同时过多的水分造成花粉发育而影响受精，一般不浇水。坐瓜后，幼瓜膨大快，需水多，外界温度也已升高，要进一步增加浇水量和浇水次数，使土壤保持湿润为好，此期一般每7~8天浇一次水。浇水最好采取膜下浇水（图2-77）。采收前5~7天，应停止浇水，以促进西瓜的成熟，并有利于含糖量和品质的提高。

图 2-77　膜下浇水

四、成熟鉴别及采收

西瓜的成熟期，一般早熟品种从开花到成熟需要 28~30 天，中熟品种需要 31~35 天，晚熟品种需要 36 天以上。对大部分品种而言，采收期要求严格，过早过晚采收均不利。从运输距离考虑，如果采后就近运输，可在瓜长至九成熟时采收，以达到最佳食用效果；如果采收后远销外地，采收期要适当提前，八成熟即可采收。

采收后及时运到阴凉处存放，来不及运走的可临时用瓜秧或草苫等盖住，防止日晒。采后的瓜要轻拿轻放，防止碰伤，特别是皮薄且脆的品种和成熟度较高的品种，更应小心搬运。

第二节 棚室秋延迟栽培技术

棚室秋延迟西瓜在栽培中要注意选择适宜品种、培育壮苗、适时覆盖防冻等。

一、选择适宜品种

该茬选用的品种必须具有耐热、耐湿和抗病（尤其是抗病毒病），并在低温与弱光条件下能正常坐瓜和膨大，瓜形端正。同时，具有果皮坚韧，耐贮运性好等特点。根据生产试验，适合棚室秋季延迟栽培的品种有鲁青7号、黑美人、郑杂9号等。

二、培育壮苗

1. 播种期

播种期过早，苗期高温多雨、害虫多的环境，开花坐果期遇高温多雨，难以坐果，且易受病虫害的为害；播种期过晚，果实膨大期遇低温阴雨，不利于果实成熟，影响产量和品质。在山东省及黄淮海地区各地，棚室秋延迟栽培选用早熟品种以8月上旬播种为宜，选用中、晚熟品种以7月中、下旬播种为宜。

2. 育苗场所与苗床的建造

选择通风条件好、地势高燥的地块进行育苗。

秋延迟栽培育苗与春季早熟栽培育苗不同，育苗应采用高畦营养钵或育苗穴盘育苗，苗床覆盖防虫网。高畦的规格一般为宽80~100cm、高度根据地势而定，一般为15~20cm，长度可根据育苗的多少而定（图2-78）。夏季有时光照强，对幼苗容易造成高温伤苗，可采取遮阳网在光照过强时遮阴（图2-79）。

图2-78　高畦育苗　　　　图2-79　夏季光照过强时遮阳网遮阴

　　整好苗床后，将畦面塌实。将营养钵装入营养土（图2-80）。整齐地排放在育苗畦中（图2-81），营养钵之间的缝隙用土填好，然后灌足底水。也可用育苗穴盘装专用商品育苗基质育苗。

图2-80　配制好的营养土　　　　图2-81　营养钵摆放

3. 播种育苗

播种前先进行浸种催芽。首先要进行种子消毒，可用500倍的 50% 多菌灵药液浸泡种子 15~20 分钟，或用 100 倍福尔马林液浸泡种子 30 分钟。该茬西瓜容易发生病毒病，还可用 10% 磷酸三钠消毒 15~20 分钟。药剂浸种后清水冲洗，并在温水中继续浸种 6 小时，再用湿布包好，自然条件下或催芽箱催芽，出芽后播种。

4. 苗期管理

播种后，苗床上覆盖银灰色防虫网，下雨天可覆盖塑料薄膜防雨。晴天时，不用覆盖薄膜通风。为防止阳光直射幼苗，在中午阳光强时可利用遮阳网等遮阴。育苗期间要保证苗床见干见湿，避免苗床湿度过大或干旱。苗床应避免雨淋。苗期有猝倒病、立枯病发生及蚜虫为害时，及时喷药防治。

三、定植

1. 整地作畦

秋延迟棚室栽培要结合整地施足基肥。基肥除有机肥外，增加速效化肥。基肥采用集中施肥与普施相结合的方法，即一半在整地前撒施，另一半开沟集中条施。该茬仍要采用垄作方式，作垄方式同春季早熟栽培。

土壤墒情不足的在定植前要浇大水，如果做畦后浇水，要将畦面和畦间均浇水（图 2-82）。

图 2-82 定植前浇水造墒

2.盖棚膜安隔离网

定植前应盖好棚膜，并且在保证棚内不受雨淋的情况下，将通风口开至最大。日光温室可将前面一幅薄膜卷起，大拱棚可将两边裙带薄膜卷至齐肋部，以最大限度地增加通风量。在大棚的通风口、门口安装尼龙纱网（图2-83、图2-84），以防害虫进入。

图2-83　通风口处封防虫网　　　图2-84　门口封防虫网

3.定植

秋延迟栽培的育苗适宜苗龄一般为15~20天，幼苗有2~3片真叶。苗过大易伤根，缓苗慢。定植时间最好在阴天或晴天下午，以利于定植后幼苗尽快缓苗生长。定植密度与春季相同。定植时要浇大水，苗坨一定浇足水（图2-85）。

4.盖地膜

栽培秋延迟西瓜，有的定植后覆盖地膜，覆盖地膜的作用主要保墒和减少病虫为害。常覆盖银灰色地膜，可起到保墒的作用，同时还具有驱蚜、避蚜、防

图2-85　定植后浇足水

病毒病的作用。因秋延迟西瓜定植期地温高，为防止根部因温度高、湿度大而发病，有时在定期后不覆盖地膜，而在后期覆盖，或整个生长期不覆盖地膜。

四、定植后管理

1. 缓苗期管理

定植后如果浇水不足，则在定植后 1~2 天内及时浇缓苗水。在定植后的 1~2 天，最好在中午阳光强时覆盖遮阳网遮阴（图 2-86）。

图 2-86　定植后覆盖遮阳网遮阴

2. 植株调整

秋延迟栽培中，植株生长前期（即坐果前）温度、湿度较高，植株生长旺盛，除易发生徒长外，侧枝的萌发也快。因此，应加强植株调整。生产上多采用双蔓整枝方式，及时除掉两条蔓上长出的侧枝。在果实膨大期，植株的生长中心已转向果实，同时气温较低，植株营养生长逐渐减缓，所以，在坐果后一般不再整枝打杈。

支架栽培的，当植株 30~40cm 高时及时搭架，结合整枝进行绑蔓。

3. 授粉留瓜

秋延迟栽培中，由于育苗及定植后前期温度高，植株生长速度快，所以，第一雌花节位及雌花的间隔节位均较高，且不易坐果，所以，应选留第一雌花或第二雌花坐果。雌花开放时亦需要人工辅助授粉或用生长激素处理促进坐瓜。

4. 肥水管理

秋季栽培每 667m² 施用腐熟饼肥 75~100kg。定植后及时追肥两次，第一次在伸蔓初期进行，每 667m² 追施三元复合肥（15-15-15）15kg，并浇水。第二次在果实膨大初期进行，一般每 667m² 冲施高钾复合肥 20~25kg。

5. 扣棚膜保温

进入结果的中后期，气温明显下降，及时覆盖薄膜可以保证果实正常膨大。如在山东省各地，一般在 9 月中下旬时夜间的气温明显偏低，应及时扣棚膜。当夜间最低温度降到 18℃以下时，夜间需将薄膜封严。当于阴雨天或大幅度降温时，要在棚周围围盖草苫（图2-87）。为改善光照条件可在日光温室后墙上张挂反光膜（图2-88）。

图 2-87　拱棚围盖草苫　　　　图 2-88　秋冬栽培反光膜应用

6. 收获

可根据市场价格情况及时采收。如果在采收后准备贮存一段时间，收获时在果柄的两端各留 10cm 长的茎，用剪子剪断。

第三章

棚室西瓜病虫害防治

第一节　病害防治

一、西瓜枯萎病

主要为害植株根茎部。子叶不均匀黄化，萎蔫下垂，茎基部缢缩；根茎发病初期发育不良，后期呈褐色腐烂，易拔断；伸蔓期至成株期植株一侧或基部叶片黄化，午后下部叶出现缺水状萎蔫，傍晚能恢复（图 3-1）；反复多次后，病株枯死（图 3-2）。病株茎蔓表现纵裂，表面有粉红色物；病茎维管束呈黄褐色（图 3-3）。

防治措施：

（1）轮作。与水稻、非瓜类作物轮作 3 年以上。

（2）嫁接防病。用西葫芦、黑籽南瓜作砧木进行嫁接。

图 3-1　西瓜枯萎病 1

（3）土壤消毒杀菌。定植前每 667m² 用 50% 多菌灵可湿性粉剂 2kg，混入细干土 30kg，均匀撒入定植穴内；在夏季高温季节，利用太阳能闷棚消毒或用棉隆进行药剂消毒。

（4）药剂防治。发病初期或发病前进行药剂灌根，常用的药剂有 50% 托布津可湿性粉剂 500~600 倍液、50% 多菌灵可湿性粉剂 600~800 倍液、50% 苯菌灵可湿性粉剂 1 000 倍液，灌根处理，每穴灌药 150ml。每隔 7~10 天 1 次，连续防治 2~3 次。

图 3-2　西瓜枯萎病 2

图 3-3　西瓜枯萎病 3

二、西瓜蔓枯病

伸蔓期至坐果期易发病，主要为害茎部和叶片。叶片多从边缘发病，形成 V 字形或椭圆形病斑，易破碎（图 3-4）；茎部多在茎基部和节部发病，初为油浸状病斑，后变白色（图 3-5）。病茎表皮龟裂和剥落，扭曲成麻丝状（图 3-6），但维管束不变色，有别于枯萎病。

图 3-4　蔓枯病 1

图 3-5　蔓枯病 2

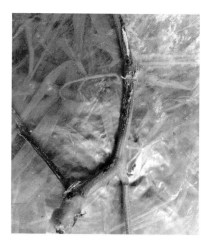

图 3-6　蔓枯病 3

防治措施：

（1）轮作。可与十字花科、豆科、茄科等多种蔬菜轮作 3~5 年，或与小麦、玉米等作物轮作 2~3 年。

（2）栽培管理。通风透光，小水灌溉或滴灌。

（3）土壤消毒杀菌。同枯萎病防治中的措施。

（4）药剂防治。伸蔓期喷

药保护，发病初期及时防治中心病株。发病初期可选用10%苯醚甲环唑水分散粒剂1 000~1 500倍液，或60%吡唑醚菌酯·代森联水分散粒剂1 000倍液，或20.67%氟硅唑·噁唑菌酮乳油2 000~3 000倍液，或70%甲基硫菌灵可湿性粉剂600倍液，将以上药剂交替使用，每隔5~7天喷1次药，或视病情发展而定。

三、西瓜炭疽病

整个生长期内均可发生，以植株生长中、后期发生最重，造成落叶枯死，果实腐烂。叶片上病斑近圆形，灰褐色至红褐色，干燥时易破碎（图3-7、图3-8）。茎蔓上病斑为椭圆形或长圆形，黄褐色，稍凹陷，后期开裂（图3-9），严重时病斑连接，绕茎一周，植株枯死。

图3-7　炭疽病1

防治措施：

（1）合理轮作。同枯萎病防治措施中的方法。

（2）土壤消毒杀菌。同枯萎病防治措施中的方法。

（3）栽培管理。采用配方施肥，施足腐熟的有机肥和饼肥，搞

图3-8　炭疽病2　　　　　　　图3-9　炭疽病3

好氮磷钾配方施肥，外施微肥，增施生物肥料，生长期进行叶面喷肥；采用小水勤浇或滴灌方法，避免大水漫灌；发病初期及时摘除病叶、病果，拔出重病株并带到棚外销毁或挖坑深埋。

（4）药剂防治。可选用10%苯醚甲环唑水分散粒剂1 500倍液，或80%炭疽福美可湿性粉剂800倍液，或20%噻菌酮悬浮剂500倍液，或43%戊唑醇乳油5 000倍液，或25%嘧菌酯悬浮剂1 500倍液进行防治，隔7~10天喷一次，连续喷2~3次。

四、西瓜白粉病

全生育期均可发病，中、后期发病重，主要为害叶片。发病初期叶面或叶背产生白色近圆形星状小粉点；粉斑迅速扩大，连接成片，形成边缘不明显的大片白粉区，密布白色粉末状霉（图3-10）；严重时整个叶面布满白粉（图3-11）。病害逐渐由老叶向新叶蔓延。发病后期白色霉层因菌丝老熟变为灰色。

图 3-10　白粉病 1

图 3-11　白粉病 2

防治措施：

（1）栽培管理。合理密植，通风透光；发病初，及时摘除病叶烧毁。

（2）棚室消毒。种植前用硫磺粉或 45% 百菌清烟剂密闭熏蒸消毒，傍晚开始，熏蒸一夜，第二天清晨开棚通风。

（3）药剂防治。可用 50% 醚菌酯干悬浮剂 3 000 倍液，或 4% 四氟醚唑 1 200 倍液，或 40% 氟硅唑乳油 6 000~8 000 倍液喷雾，每 5~7 天喷 1 次，连喷 3~4 次，注意农药交替使用。在西瓜花期慎用三唑酮类药剂。

五、西瓜细菌性果斑病

苗期至成株期叶片、果实等均可受害（图3-12）。叶片上病斑多角形，水浸状，也可侵染为害叶脉（图3-13）。病斑可融合成大斑，颜色变深呈褐色至黑褐色。西瓜果实上初期是小水浸状病斑，逐步扩大、变褐。

图3-12 细菌性果斑病1 　　　　图3-13 细菌性果斑病2

防治措施：

（1）无菌种子是预防果斑病的首要措施。应在无病地区制种采种；制种采种时发酵24~48小时后以1%盐酸浸渍5分钟或1%次氯酸钙浸渍15分钟，水洗、风干，可有效杀灭种子携带的病菌。

（2）种子消毒处理。播种前用70℃干热灭菌72小时，或40%福尔马林150倍液浸种1.5小时，冲洗干净后催芽播种。

（3）田间管理。及时清除病残体；应用地膜覆盖和滴灌设施；

适时进行整枝、打杈；合理增施有机肥；禁止将发病田中用过的工具拿到无病田中使用。

（4）药剂防治。用 2% 春雷霉素 500 倍液，或 2% 春雷霉素 500 倍液 + 农用硫酸链霉素 3 000 倍液进行预防，每隔 7~15 天 1 次。发病后可用 50% 氯溴异氰尿酸水溶性粉剂 800 倍液，或 200 mg/kg 的新植霉素，或 72% 农用硫酸链霉素 1 500 倍液，或 3% 中生菌素可湿性粉剂 500 倍液喷雾，每隔 7 天用药 1 次，连续 3~4 次。

六、西瓜病毒病

西瓜上病毒病种类较多，为害症状表现有：

（1）花叶型。由西瓜花叶病毒、黄瓜花叶病毒、南瓜花叶病毒等引起，叶片呈花脸状，有些部位绿色变浅（图 3-14）。

（2）斑驳型。如黄瓜绿斑驳花叶病毒（图 3-15），叶片沿边缘向内部分绿色变浅，呈不均匀花叶、斑驳，引起西瓜果实成水瓢瓜且瓤色常呈暗红色，不能食用。

（3）黄化型。由蚜传黄化病毒和烟粉虱传褪绿黄化病毒引起（图 3-16），通常叶片黄化，叶脉仍绿。

图 3-14　病毒病 1（古勤生供图）

图3-15　病毒病2（古勤生供图）

图3-16　病毒病3（古勤生供图）

防治措施：

（1）种子热处理。72℃干热处理72小时，可有效降低病毒病尤其是黄瓜绿斑驳花叶病毒病的发生。

（2）种子药剂处理。10%磷酸三钠溶液浸泡种子20~30分钟。

（3）防虫治病。由于病毒病大多由害虫传播，有效控制棚室害虫发生为害能降低病毒病的发生，可采用55目防虫网隔离蚜虫和烟粉虱；或采用物理防治措施，如黄板诱杀害虫；或杀虫剂防治害虫等。

（4）药剂防治。可采用20%盐酸吗啉胍·铜可湿性粉剂500~800倍液，或1.5%植病灵Ⅱ号乳剂1 000~1 200倍液，或0.5%菇类蛋白多糖水剂200~300倍液，或NS83增抗剂100倍液，或4%嘧肽霉素水剂200~300倍液喷雾预防。

第二节　害虫防治

一、烟粉虱

全国各地均有发生，存在不同生物型，其中，B 型和 Q 型是目前为害最严重的生物型。以成虫和若虫（图 3–17、图 3–18）刺吸植物汁液为害，且能传播多种病毒病从而造成更严重的损失。比较适应高温环境，温度 25~30℃、相对湿度 30%~70% 是其种群发育、存活和繁殖的适宜条件。

 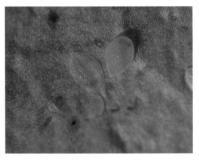

图 3–17　烟粉虱成虫（张友军供图）　　图 3–18　烟粉虱幼虫（张友军供图）

防治措施：

（1）农业防治。培育无虫苗，田园清洁和管理。

（2）物理防治。棚室通风口、门窗加设防虫网，田间悬挂黄色粘虫板。

（3）生物防治。棚室瓜田内粉虱密度较低时，选择释放丽蚜小蜂等天敌昆虫。

（4）化学防治。

①灌根法。定植前用 25% 噻虫嗪水分散粒剂 3 000 倍液，灌根 30 ml/ 株。

②喷雾法。1.8% 阿维菌素乳油 2 000~2 500 倍液，或 50% 噻虫胺水分散粒剂 6 500 倍液、25% 噻嗪酮可湿性粉剂 1 000~1 500 倍液。药剂均匀喷洒在叶片背面。

③烟雾法。棚室内可选用 22% 敌敌畏或 20% 异丙威烟剂，250 g/667 m² 进行熏烟防治。

二、瓜蓟马

种类较多，常见的是棕榈蓟马（图 3–19）。以成虫和若虫锉吸西瓜植株嫩梢、嫩叶、花和幼果的汁液。受害叶片的叶脉间有灰色小斑点，叶片上卷，甚至顶叶无法伸展；也可传播病毒病。耐高温，在 15~32℃ 范围

图 3–19　蓟马（张友军供图）

内可正常生长发育，世代重叠，夏秋两季严重发生。

防治措施：

（1）农业防治。培育无虫苗；田间覆盖地膜。

（2）物理防治。棚室通风口、门窗处增设防虫网；悬挂蓝色粘虫板进行诱杀。

（3）生物防治。可释放胡瓜新小绥螨防治蓟马，捕食螨建立种群后能在田间持续控害。

（4）化学防治。

①苗期灌根法。幼苗定植前用 25% 噻虫嗪水分散粒剂

3 000~4 000 倍液喷淋或定植后灌根，每株用 30~50 ml。

②叶面喷雾法。可选用 2.5% 多杀霉素乳油 1 000 倍液，或 6% 乙基多杀菌素胶悬剂 2 000 倍液，或 10% 溴虫腈胶悬剂 1 000 倍液、0.3% 苦参碱乳油 1 000 倍液，或 1.8% 阿维菌素乳油 2 500 倍液等，隔 5~7 天 1 次，连续 2~3 次。

③棚室熏烟法。棚室采用 22% 敌敌畏烟剂 300 g/667 m^2 处理。

三、瓜蚜

全国各地均有发生。以成蚜和若蚜群集在叶片背面、嫩梢和嫩茎上，刺吸植物汁液，使叶片卷缩变形（图 3-20、图 3-21）；能传播瓜类病毒病，造成更大危害。气温超过 25℃时有利于瓜蚜繁殖，为害加重；气候干旱有利于瓜蚜发生。

图 3-20 蚜虫（张友军供图）　　图 3-21 蚜虫为害状（张友军供图）

防治措施：

（1）农业防治。清除瓜田、棚室附近杂草，培育无虫苗；作物收获后彻底清除残枝落叶。

（2）物理防治。悬挂银灰色塑料条，并采用30目银灰色防虫网覆盖通风口和门窗，防止外界蚜虫及其他害虫飞入；悬挂黄色粘虫板可诱杀蚜虫。

（3）化学防治。

①喷雾法。可喷施10%吡虫啉可湿性粉剂2 000倍液，或3%啶虫脒乳油1 500倍液，或25%噻虫嗪水分散粒剂5 000倍液，或2.5%联苯菊酯乳油，或20%氰戊菊酯乳油2 000倍液等。

②熏烟法。可采用22%敌敌畏烟剂或10%异丙威烟剂每亩300~400 g，傍晚时密闭棚室点燃烟剂。

四、叶螨

俗称红蜘蛛，包括截形叶螨和二斑叶螨，全国各地均有发生，有时混合发生。以成螨和幼若螨刺吸植物汁液进行为害，初期受害叶片先出现白斑，逐渐变黄，严重时干枯脱落或整株死亡（图3-22、图3-23）。叶螨喜高温干旱的环境条件，20~30℃、

图3-22　叶螨成虫（张友军供图）　　图3-23　叶螨为害症状（张友军供图）

35%~55% 相对湿度下适宜其繁殖为害。

防治措施：

（1）农业防治。培育无螨苗；清洁田园。

（2）生物防治。释放捕食螨，如植绥螨科应用较多。

（3）化学防治。可选择 10% 浏阳霉素乳油 1 000 倍液，或 0.3% 印楝素乳油 800~100 倍液，或 1.8% 阿维菌素乳油 2 500~3 000 倍液，或 2.5% 联苯菊酯乳油 2 000 倍液，或 5% 噻螨酮乳油 1 500 倍液，或 15% 哒螨灵乳油 3 000 倍液喷雾防治。

第四章

生产中常见问题

一、僵化苗

原因:

温度低、干旱或肥量过大、水大沤根等原因造成。有时药害如喷施防治白粉病的三唑类杀菌剂不当也容易出现顶端生长缓慢(图4-1)。

图4-1　僵化苗

防治措施:

棚室温度低时要注意提高温度;干旱或肥大的适量浇水;沤根的可加强中耕加快水分蒸发;西瓜侧芽萌发后,用大水大肥催一下,让瓜蔓长起来;是药害的可喷施赤霉素30~50mg/kg、芸薹素内酯1 500倍液、爱多收6 000倍液来缓解药害。

二、无头苗

西瓜幼苗生长点退化,不能正常地抽生新叶。多发生在苗期或定植后的伸蔓前期。

图4-2　无头苗

原因：

一是育苗期间瓜苗受低温冷害容易出现无头苗。特别是棚膜上的水珠滴落到瓜苗上，容易造成无头苗。二是陈种子生活力低。三是药害、肥害、病虫害都能导致无头苗的出现。

防治措施：

选用新的发芽势强的种子播种育苗；加强苗床温度管理，及时通风，降低湿度；及时防治病虫害；合理使用农药，严格使用方法及使用浓度；施肥时要注意肥料施用量，对有些具有刺激性气味的肥料，施用后应注意及时放风。

三、叶片边缘黄化

表现为老叶和叶缘发黄，进而变褐，焦枯灼烧状，叶片上出现褐色斑点或斑块，但中部、叶脉和靠近叶脉仍然保持绿色。进一步发展整个叶片变成红棕色或干枯状，根系少易早衰，严重时腐烂（图4-3）。

图4-3　叶片边缘黄化

原因：

土壤中缺钾；施用有机质肥料含钾量不足；地温低或过湿等条件阻碍钾的吸收；施氮肥过多。

防治措施：

施用足够的钾肥，特别是在西瓜膨瓜期不可缺钾；缺钾严重时可每 $667\,m^2$ 追施硫酸钾 3~4.5kg。

四、接穗萎蔫

表现为嫁接后的 1~3 天就表现出接穗子叶萎蔫，进而发展为结合处发黄，叶片干枯等（图 4-4）。

图 4-4 接穗萎蔫

原因：

除砧木和接穗的亲合性原因外，可能原因是：接后环境中湿度过低，接穗失水过多；温度过低或过高；接口有异物使接穗砧木接触不良。

防治措施：

嫁接后要注意保湿；控制好嫁接环境温度；嫁接工具等要保持洁净。

五、畸形瓜

主要表现为大肚瓜、尖嘴瓜、偏头瓜（图 4-5）。

原因：

在苗期花芽分化时，养分和水分供应不平衡，影响花芽分化；开花坐果期过于干旱；

图 4-5 畸形瓜

授粉不均匀；果实发育期间水肥供应不平衡；授粉留瓜节位低。

防治措施：

加强苗期管理，注意温度的控制，创造有利于花芽分化的条件；开花坐果期注意采用人工授粉，花粉要均匀涂抹在柱头上；合理施肥浇水；最好用瓜蔓上的第2朵雌花授粉留瓜。

六、裂瓜

西瓜生产上经常发生裂瓜现象（图4-6）。

原因：

部分薄皮、质脆、小果型的品种容易裂瓜。圆形西瓜比椭圆形西瓜易裂瓜；结瓜期果实的供水量骤然变化，如久旱遇雨或久旱后突然浇大水；久阴乍晴，或

图4-6　裂瓜

棚室内温度骤然变化；缺钙的地块易裂瓜；果实遭到碰撞、挤压等物理因素影响；坐瓜激素使用浓度过高。

防治措施：

注意选用果皮韧性大、不易裂瓜的品种；膨瓜期浇水要均衡，避免短期浇水骤增或大水漫灌，采收前5~7天停止浇水。高温期要于清晨或傍晚浇水；增施钾肥，适量补充磷、钙肥，减少氮素化肥用量，提高果皮韧性；施用坐瓜灵处理时，要严格掌握浓度；采瓜最好选在下午，并减少振动或摔打。

七、白筋（或黄筋）果

西瓜果肉中从脐部至果梗处出现白色或黄色带状纤维，并逐渐发展为粗筋，这种果实称为白筋果或黄筋果，这种果实一般品质较差，商品性不高。

原因：

果肉中的白筋或黄筋部分主要是集中的维管束和纤维，是养分和水分运输的通道。正常情况下，果实膨大的前期这些纤维较为发达，随着果实的成熟和成熟逐渐消失。但有些果实纤维残留下来形成黄（白）筋（图4-7）或黄（白）斑块（图4-8）。白筋果或黄筋果的形成主要与土壤缺钙有关，同时高温、干旱、缺硼等不利因素会影响钙的吸收和利用。

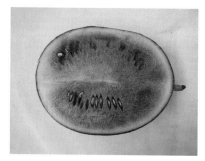

图4-7　黄筋果

图4-8　黄斑块

防治措施：

合理施用氮肥，防止植株徒长；深耕土层、增施有机肥料、地面覆草防止土壤干燥等措施，可以保证钙、硼等营养元素的正常吸收；合理整枝、吊蔓，及时防治病虫害。

八、空心瓜

空心西瓜是指瓜瓤中出现空洞的一类西瓜（图4-9）。

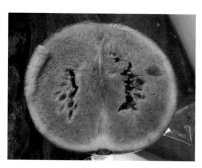

图4-9　空心

原因：

一是坐果时温度偏低，细胞分裂速度变慢，使果实内的细胞达不到足够的数量，后期随着温度的升高，果皮迅速膨大，而果实内由于细胞数量不足，不能填满果实内的空间而形成空心；二是果实发育期阴雨寡照，营养物质供应严重不足而影响果实内的细胞分裂和细胞体积增大，而果皮发育需要的营养相对较少，在营养不足时仍发育较快，从而形成空心；三是果实发育期缺水，使果实内的细胞同样不能充分膨大而形成空心；四是采收不及时果实会由于失去水分和营养物质而形成空心。

防治措施：

要综合运用栽培措施，创造有利西瓜生长的生态环境；对西瓜已坐住但出现畸形的瓜及时摘除；果实发育阶段要及时浇水、施肥；果实成熟后及时采收。